AF370947

ÉLÉMENTS ÉQUESTRES

DÉPÔT LÉGAL
Charente in^{re}
N° 18
1855.

OFFICIERS AYANT SUIVI LE COURS

2e de Chasseurs (*).

MM. GAY DE VERNON, Chef d'escadrons.
CHAMPAGNE, Capitaine.
DE MASIN, Lieutenant d'état-major.
FOUGERAS LAVERGNOLLE, Lieutenant.
ESCUDIÉ, Lieutenant.
SÉNEMAUD, Lieutenant.
COSTE, Sous-Lieutenant.

8e de Chasseurs.

MM. DE PLANHOL, Chef d'escadrons.
DE LESGUERN, Capitaine adjudant-major.
TEULIÈRES, Capitaine.
SIMON, Lieutenant.
RAT, Sous-Lieutenant.

(*) Quelques sous-officiers ont suivi un cours semblable.

NOTE

Ce qui va être expliqué n'est que pour l'Instruction élémentaire du cheval. C'est la simple analyse du cours professé par un écuyer aussi habile qu'instruit.

Les cavaliers qui s'occupent du dressage des chevaux de selle ayant assez de connaissances équestres en général, nous nous abstiendrons de toute leçon ayant rapport à la tenue du cavalier et à sa position.

Les aides seulement seront employées toujours successivement au lieu de l'être simultanément. L'explication dans le cours du dressage en sera donnée.

Si notre mémoire ne nous fait défaut les explications et les différents détails sont donnés d'après la progression suivie par notre bienveillant professeur.

Paris, 31 décembre 1864.

L. CHAMPAGNE,

Capitaine au 2e de chasseurs.

DRESSAGE

Les cinq ou six premières leçons se donnent à pied ; le cheval est sans selle, il est bridé avec la bride et le filet seulement. Le cavalier le conduit au manége ou au lieu le plus propice pour le travail, par les rênes du filet qu'il tient avec la main droite, les doigts en dessous, comme l'indique l'ordonnance de cavalerie à la première leçon.

Le cavalier doit être muni d'une cravache. Il fait marcher quelques moments le cheval en main pour le calmer et lui donner connaissance du lieu où il se trouve.

Pour commencer le travail, le cavalier amène le cheval sur la ligne du milieu perpendiculairement aux grands côtés. Le cheval étant arrêté doit être *droit;* c'est-à-dire parfaitement établi sur sa base et en équilibre. Les quatre membres occupant des lignes parallèles entr'eux dans chaque direction. Le cheval ayant cette première position, le cavalier le regardera d'un œil bienveillant, lui parlera avec douceur, lui passera la main sur l'encolure et sur le front en le flattant de la voix. En un mot, il se familiarisera avec lui au point de s'en faire connaître et même aimer plus tard.

1er EXERCICE
Mouvement en avant par la Cravache

Le cavalier étant à pied, du côté montoir, tient

les rènes du filet avec la main gauche à pleine main, avec la main droite il tient la cravache et et attaque doucement le poitrail en déterminant le cheval en avant avec la main gauche. Ces attaques de la main droite doivent se répéter par des petits coups successifs, jusqu'à ce que le cheval se porte en avant.

En cas de résistance, ce qui ne peut manquer dans le commencement, le cavalier résiste de la main gauche sans tirer, et frappe alors doucement le cheval en arrière de l'avant-bras gauche jusqu'à ce qu'il ne recule plus; s'il cède, il caressera et attaquera de nouveau le poitrail. Si au contraire le cheval recule, il faut opposer la main gauche en tenant ferme; s'il persiste dans son recul, on le laissera reculer en répétant par intervalle l'attaque de la cravache. Il finira bien par se porter en avant; alors il faudra que le cavalier en cesse l'effet, et caresse le cheval le long de l'encolure et sur l'épaule. Il recommencera cette leçon jusqu'à ce que le cheval se porte franchement en avant. Deux ou trois pas suffisent. Dans cet exercice, il faut exiger que le cheval se porte *bien droit* en avant.

2ᵉ EXERCICE
Reculé

Pour la leçon du reculer, le cavalier prendra une rène du filet dans chaque main, les ongles en dessous le petit doigt du côté du poitrail. Il sentira l'appui, c'est-à-dire le poids de l'encolure et de la tête sur le mors, tâtera la résistance, et élèvera assez vivement les poignets par un léger mouvement saccadé, de bas en haut et un peu en arrière, de façon à refouler le poids de ces deux parties sur le garrot, évitant soigneusement de ne pas employer trop de force afin que tout le poids de l'avant-main ne vienne pas se reposer sur les jarrets, condition dans laquelle le cheval ne pourrait reculer régulièrement puisqu'il ne serait plus dans son aplomb. Si, malgré ces précautions et le mouvement bien exécuté par le cavalier, le cheval ne recule pas, recommencer de suite cet exercice, sans attendre qu'il pèse sur le mors.

Si le cheval cède, le cavalier cédera à son tour, caressera l'encolure et reprendra le même exercice suivant la cession faite, c'est-à-dire avec plus ou moins de force ou de promptitude, selon le cas où le cheval aura cédé facilement et vite. Il ne faut exiger qu'un ou deux pas à la fois ; cela suffit si le cheval recule *droit*.

3ᵉ EXERCICE
Flexion d'élévation

Elle s'exécute de la même manière que le reculé, mais les mains doivent agir un peu moins en arrière, le cheval ne devant élever la tête que par la flexion de la première vertèbre sur la deuxième. Si le cheval en cédant à cette flexion d'élévation fait entendre un petit son métallique produit par l'effet du mors, il aura compris; aussi faudra-t-il le récompenser aussitôt par une cession et une caresse.

Ces trois premiers exercices exécutés, on fera un petit repos. On en profitera pour se familiariser avec le cheval. Des caresses, une inflexion de voix bienveillante, du pain, du sucre, feront plus pour le soumettre que la force et le fouet.

4ᵉ EXERCICE
Flexions latérales et semi-latérales

Pour la flexion latérale à droite, le cavalier se place du côté montoir, prend avec la main gauche la rène gauche du filet a cinq ou six centimètres de la bouche du cheval, passe la main droite par-dessus l'encolure, prend avec cette main la rène droite qu'il attire à lui de bas en haut de manière à amener la tête du cheval à hauteur et vis-à-vis la pointe de l'épaule droite. (Voir la Méthode Baucher, édition de 1846.) Pour que cet exercice soit régulier, il faut que la tête du cheval soit bien perpendiculaire et qu'il *goûte le mors* en cédant des deux premières vertèbres. Le cheval dans cet exercice doit être bien *droit*, l'encolure seule doit tourner et les quatre membres doivent être régulièrement placés. 2° La flexion latérale à gauche s'exécute par les moyens opposés. 3° Pour la flexion semi-latérale à droite, le cavalier se place comme pour la flexion latérale à droite, seulement il prend la rène droite du filet par-dessous l'encolure, et à la même distance de la bouche que la rène gauche, il fait une opposition avec la main droite sur cette rène en cédant de la main gauche. La flexion sera bien faite si la tête tournée à droite est dans la direction d'un angle de 45° relativement à l'axe du cheval et à son encolure. Le cheval devra toujours céder des deux premières vertèbres. La flexion semi-latérale à gauche s'exécutera par les moyens opposés.

Ces flexions peuvent, dans la partie du dressage plus avancé, se répéter avec le mors, mais il faut dans ce cas agir avec beaucoup d'attention et de justesse. Quelquefois le cheval cède à la tension de la rène, mais quelquefois aussi il tourne la tête, s'appuie sans céder des deux premières vertèbres ni de la mâchoire ; il faut qu'il cède des deux vertèbres, tout en lâchant la mâchoire par un petit bégaiement (cela s'appelle casser la noisette). La main doit donc avoir du tact et l'œil se fixer sur le sommet de l'encolure. Le cheval obéissant, il faut céder, caresser et reprendre jusqu'à ce qu'il se soit soumis et qu'il ait compris complètement.

Dans toutes ces flexions de l'encolure, le cheval ne devra jamais avoir le bout du nez plus bas que la pointe de l'épaule, et la tête bien perpendiculaire. Dans le premier cas, l'encolure tomberait trop, et si elle était en arrière de la perpendiculaire, il s'encapuchonnerait.

5e EXERCICE
Pirouette renversée à droite

Le cavalier tient les rènes du filet avec la main gauche, comme pour le mouvement en avant par la cravache. Il élève la main et la tient haute et ferme sans que le cheval recule. Il attire un peu l'encolure à gauche de manière à produire un petit balancement de la croupe de gauche à droite sans que les épaules bougent. Il ne faudra exiger qu'un pas ou deux, mouvement produit par les hanches autour des épaules, la jambe droite de devant ne bougeant pas et servant de pivot dans ce mouvement.

Il ne faut pas exiger beaucoup en commençant, plus tard le cheval exécutera ce mouvement en tournant sur sa jambe avec la plus grande facilité. Si dans le commencement de cet exercice il y a quelques résistances, on aidera le cheval en le touchant sur la fesse gauche avec la cravache par de petites attaques successives jusqu'à ce qu'il produise le mouvement demandé.

6ᵉ EXERCICE
Pirouette renversée à gauche

Moyens contraires, le cavalier prend les rènes du filet avec la main droite et la cravache avec la main gauche.

7ᵉ EXERCICE
Pirouette ordinaire à droite

Cet exercice a pour but de mobiliser les épaules et l'avant-main, en les faisant tourner autour des hanches et de la croupe. Pour l'obtenir, le cavalier tient les rènes comme pour les exercices précédents avec la main gauche; il élève l'encolure du cheval en l'attirant vers la droite, de manière cependant à ce que le cheval ne recule pas, et fasse un pas de côté avec les membres antérieurs. Le cheval portera probablement la croupe à gauche. Pour obvier à cet inconvénient, le cavalier opposera la cravache sur le côté gauche de la croupe pour forcer celle-ci à se maintenir en place. Pour que cet exercice soit bien fait, la jambe droite de derrière ne doit pas bouger. Le cheval doit s'en servir comme d'un pivot pour faire sa conversion. Quelques pas suffisent pour lui faire comprendre. S'il reculait, l'attirer en avant par un effet de la main et par l'attaque de la cravache au poitrail comme pour le mouvement en avant.

8ᵉ EXERCICE
Pirouette ordinaire à gauche

Moyens contrairès.

Cette instruction étant répétée plusieurs jours, on pourra, après cinq ou six séances, habituer le cheval au montoir. L'instructeur devra se rendre compte par lui-même des résistances plus ou moins fortes et persistantes de chaque cheval en dressage.

Nous entrerons, à cette occasion, sur quelques considérations générales avant de commencer le travail à cheval.

DES RÉSISTANCES
Résistances de l'avant-main

Le cheval a, comme tous les animaux, un poids plus ou moins bien réparti sur sa base : cette base sont ses quatre membres sur lesquels repose donc cette masse plus ou moins bien équilibrée, suivant la conformation de chacun. On conçoit qu'un cheval qui aura une longue ou massive encolure, une tête lourde ou mal attachée, aura plus de poids en avant, surtout si le garrot n'est pas élevé; le serait-il même dans des conditions ordinaires. Le cavalier aura donc une attention bien sérieuse à vaincre cette résistance en avant, par des mouvements alternatifs et simultanés des poignets, en les élevant de bas en haut pour habituer les muscles releveurs de l'encolure à s'appuyer sur le garrot, afin de soutenir la tête qui elle-même cherche à tomber. Si la résistance se fait plus sentir d'un côté que que de l'autre, c'est que cette encolure a été faussée, soit par le contact de l'homme, soit par toute autre cause; la rène de ce côté agira alors plus énergiquement. Nous avons observé en effet que la plupart des chevaux ont l'encolure tournée à gauche; c'est à nous la faute : nous approchons toujours nos chevaux de ce côté, soit pour les harnacher, leur donner leur nourriture, les caresser, etc., etc. De plus, lorsqu'ils ne sont pas montés, on les promène à droite, celui qui les conduit les tient alors de la main droite, et leur tire avec les rènes du bridon la tête et l'encolure à gauche. Le cheval est donc de travers pendant la durée de sa marche, n'importe à quelle allure, et s'il a la tête et l'encolure à gauche, il doit nécessairement avoir la croupe à droite. Partant il ne sera pas *droit*. Il ne faudra donc pas s'étonner si on trouve ces résistances de croupe et d'encolure. On les combattra, et je dirai avec succès, en faisant, pour les résistances à gauche, de fréquentes oppositions avec la rène droite, et une bonne application du mollet droit, même jusqu'à l'éperon pour rentrer la croupe, seulement les deux aides ne seront employés que successivement, la main d'abord et la jambe ensuite. Nous pourrons donc dire que les aides seront successives, *c'est-à-dire mains sans jambes et jambes sans mains.*

Si la résistance est directe, c'est-à-dire que si les muscles latéraux et parallèles de l'encolure offrent le même poids, les deux poignets agiront d'égale force. Ce travail qu'on pourrait dire *travail gymnastique* de l'encolure, préparera le cheval aux changements de direction, et l'allégera d'autant plus, que les jambes arrivant après la main, elles fixeront le reflux de cette force sur l'arrière-main en empêchant le cheval de reculer.

Résistances de la croupe et de l'arrière-main

Les chevaux faibles de l'arrière-main, soit qu'ils aient le rein long et étroit, soit qu'ils aient de mauvais jarrets, résistent de la croupe lorsqu'ils sentent refluer le poids de l'avant-main sur la colonne vertébrale. Ils la voûtent et s'étendent sur leurs jarrets pour éviter la douleur qui résulte du trop grand poids qui vient se fixer sur l'arrière-main. Si le rein est long, il y aura oscillation ; s'il y a un jarret plus mauvais que l'autre, la croupe se jettera sur le moins mauvais pour soulager le faible. Exemple : Un boiteux ne supporte que le moins possible le poids de son corps sur le membre malade, et si on l'y force, il le fera très-difficilement. Partant, pas de grâce, de la gêne et moins de solidité, l'équilibre étant mal réparti.

C'est au cavalier et à l'instructeur surtout, d'observer ces choses-là et de les corriger.

Le cheval ayant été docile au montoir, on répétera, étant en selle, le travail en place qui a été exécuté le cavalier étant à pied, c'est-à-dire :

1ᵉ Marcher quelques pas en avant.

2° Reculer.

3° Flexion d'élévation. (A cheval, le cavalier tient les rènes du filet comme les rènes du bridon à la première leçon de l'ordonnance, les rènes de bride sur le cou.)

Le cavalier étant en selle, prend les rènes du filet délicatement, *tâte* la résistance, élève les poignets vivement et avec plus ou moins de force, selon la pesenteur qu'il a senti, puis *rend*.

Si le cheval reculait, céder de la main et appuyer les jambes en même temps et ferme derrière les sangles sans les y fixer, c'est-à-dire les relâcher aussitôt l'appui fait. S'il y a récidive de résistance, le cavalier récidivera à son tour jusqu'à l'obéissance.

Pirouettes renversées étant à cheval

Pour la pirouette renversée à droite, le cavalier sentira un peu plus la rène gauche, ceci fait, appuyer la jambe gauche par un coup de mollet et revenir à la première position. Recommencer la pression du mollet par des coups successifs, et même jusqu'à l'éperon, mais ne pas fixer la jambe. Si le cheval obéit, rendre et caresser. Un ou deux pas (mouvement exécuté par les jambes de derrière) suffisent pour faire comprendre le mouvement. La pirouette renversée à gauche s'exécute par les moyens opposés. Si pour ces exercices le cheval ne comprenait pas bien l'action de la jambe, se servir de la cravache comme on l'a fait à pied.

Pirouettes ordinaires étant à cheval

Ouvrir la rène du côté où l'on veut l'exécuter en déterminant bien les épaules, et si la croupe résiste ou fuit du côté opposé, employer vigoureusement la jambe et même l'éperon de ce côté. C'est-à-dire que pour la pirouette à droite on emploiera la jambe ou l'éperon gauche, pour l'empêcher de se jeter de ce côté, la jambe droite de derrière devant servir de pivot.

Dans ces mouvements, le cheval doit se fixer au sol sur la jambe du côté où il tourne.

Après dix jours de ces exercices, on pourra commencer le travail de deux pistes. (Appuyer.) Le cavalier étant à pied.

Demi-Hanche

Déterminer le cheval la tête haute du côté où l'on veut le faire appuyer. Pour faciliter le mouvement, se servir de la cravache qui touche à petits coups la hanche gauche pour appuyer à droite, et la droite pour appuyer à gauche. La main qui tient le filet doit toujours déterminer les épaules de manière à ce que leur mouvement précède celui des hanches. Le cheval obéissant, cesser l'effet de la cravache, la main seule donnant l'impulsion des pas de côté.

TRAVAIL A CHEVAL

Le cavalier en marche devra sonder les résistances du cheval et les combattre, soit par un effet simultané ou réciproque des rênes, selon le côté de la résistance, et par l'effet des jambes si les résistances sont dans la croupe.

Si l'encolure se jette ou se porte à droite, effet vigoureux de la rène gauche, si elle se porte à gauche, effet vigoureux de la rène droite ; si elle se porte en avant et tombe par son propre poids, effet instantané et énergique des deux rènes, toujours en élevant les poignets de bas en haut, et un peu en avant pour éviter l'arrêt et le recul (peut-être l'aculement).

Si la croupe se jette ou tombe à droite, effet de la rène droite d'abord, et effet de la jambe du même côté suivant immédiatement, c'est-à-dire qu'aussitôt l'effet de la main produit, on doit le cesser et le faire succéder spontanément par la jambe droite en arrière des sangles sans l'y fixer. Répéter l'effet de la main et de la jambe si le cheval n'a pas compris.

Dans le travail en marche, on arrêtera souvent, on répétera quelques exercices d'assouplissement de pied ferme, et on reprendra la marche. Pour arrêter : effet des mains sans jambes, et le cheval toujours *droit*. On exécutera quelques changements de main après avoir arrêté ; pour cela, on exécutera un quart de pirouette ordinaire, et on se portera en avant.

On ne doit pas perdre de vue que les pirouettes doivent s'exécuter sur une seule jambe qui sert de pivot, soit une jambe de devant dans la pirouette renversée, soit une jambe de derrière pour la pirouette ordinaire, et toujours celle du côté où l'on tourne. Exemples :

Pirouette renversée à droite

L'arrière-main tourne autour de l'avant-main en prenant pour point d'appui la jambe droite de devant et *vice versâ*.

Pirouette ordinaire à droite

L'avant-main tourne autour de l'arrière-main en prenant son point d'appui sur la jambe droite de derrière, et *vice versâ*.

Les chevaux exécutant bien ces divers exercices, on pourra commencer le changement de direction diagonale en le terminant par la demi-hanche. Chaque jour de travail, la leçon sera toujours commencée par le travail de pied ferme à pied et à cheval, en suivant cette progression.

Travail au Trot

Dans le travail au trot, les effets de mains et de jambes seront toujours employés comme dans le travail de pied ferme et au pas, pour combattre les résistances et mettre les chevaux *droits*. Ces effets devront toujours être énergiques, suivant les résistances et la sensibilité, afin que le cheval devienne de plus en plus léger. Ceux des mains devront toujours être indépendants de ceux des jambes, comme ceux-ci devront aussi l'être des premiers. La progression du travail au trot sera la même que celle du travail au pas. Lorsque les chevaux auront l'avant-main et la croupe assez légers pour tenir les hanches au trot (25e leçon), on pourra commencer l'élévation de la croupe par la cravache.

Elévation de la croupe

Pour cet exercice, le cavalier tient les rênes du filet ou de la bride, suivant la légèreté du cheval, comme pour tous les exercices de pied ferme. S'il se place du côté gauche, il tiendra les rênes avec la main gauche et la cravache avec la main droite.

De même que par intervalle, il a attaqué le poitrail pour porter en avant, il attaquera sur la croupe jusqu'à ce que le cheval fléchisse cette partie, après toutefois avoir produit un léger mouvement d'élévation de bas en haut, et en fléchissant les jarrets. Si le cheval obéit, cesser et caresser. Pendant cet exercice, la main de la bride doit être bien assurée et fixée sans que le cheval s'appuie sur le mors ; le cavalier s'attachera donc à alléger le cheval en lui élevant l'encolure par des demi-temps d'arrêt et en saisissant le moment où l'arrière-main pose à terre ; cet exercice est donc une élévation successive de l'avant-main et de l'arrière-main qui amènera bientôt le cheval au piaffer. Si le cheval se défend par la ruade, élever l'avant-main le plus haut possible ; s'il se jette d'un côté, on prendra un aide armé d'une cravache qu'il tiendra de manière à ce que l'instructeur puisse régulariser plus facilement ses attaques.

Cette leçon demande du tact de la part du cavalier ; mais s'il en a l'intelligence, il jouira bientôt de son travail. La main qui tient la cravache se place au-dessus du dos du cheval un peu en arrière du garrot, et donne le coup de bas en haut.

L'avant-main et la croupe étant mobilisés, le cheval est infailliblement équilibré et léger. On pourra donc, sans inconvénient, commencer le travail au galop.

2ᵉ PARTIE

Cette partie du dressage est le complément de l'instruction du cheval, en ce sens qu'elle s'attache à la perfection de tout ce qui a été fait dans la première. Le cavalier devra donc toujours, en la commençant, faire une répétition exacte de tous les exercices élémentaires exécutés dans la première partie, tant à pied qu'à cheval, soit de pied ferme, soit en marche. Nul mouvement ne sera exécuté qu'autant que le cheval sera bien *droit* et léger. Il faudra donc, avant de demander un mouvement, donner au cheval la position qui lui sera nécessaire pour l'exécuter.

Galop

Tout le monde qui monte à cheval connaissant le mécanisme de cette allure, nous ne l'expliquerons pas ; nous expliquerons seulement la manière de la déterminer et de l'obtenir par les nouveaux éléments, en ce qu'ils diffèrent beaucoup des anciens principes.

Dans l'ancienne méthode (ordonnance de cavalerie), on tournait l'encolure du cheval du côté opposé où l'on voulait aller et on le poussait à l'allure du trot de manière à ce qu'il prenne le galop de lui-même, bien malgré lui, car c'était pour ne pas tomber, puisqu'on le sortait complètement de son équilibre. Une fois l'allure entamée, on lui rendait, il reprenait alors l'équilibre, et il était entretenu dans l'allure du galop par l'action des jambes.

Nous ne discutons pas, nous citons le texte de l'ancienne méthode (ordonnance).

Les nouveaux éléments entament le galop de la manière suivante :

Le cavalier tenant les rènes du filet une dans chaque main, pour le galop à droite par exemple : Elève vivement la main droite de bas en haut, et ce premier mouvement exécuté, il le fait suivre immédiatement d'une forte pression de la jambe droite qui stimule l'arrière-main, la jambe gauche soutenant en même temps la croupe qui pourrait se jeter à gauche. La jambe droite qui a stimulé l'arrière-main, reviendra à sa position ordinaire, et ne restera pas fixée constamment au flanc du cheval, de même que la main après avoir fait le sien, reprendra sa position normale ; les deux aides ne devant être que successives, et alternatives et non simultanées. L'effet de la rène droite tout en élevant l'encolure attire les muscles adducteurs de l'épaule qui alors se lève et entame nécessairement l'allure que l'on veut déterminer ; la jambe du même côté, elle, provoque le mouve-

ment de la croupe tout en la soutenant, et la
jambe gauche empêche le cheval de se traverser.
Le cheval sera *droit*, il sera donc évidemment
équilibré. A cette allure comme dans les autres,
le cavalier s'attachera à chercher les résistances
provenant du surcroit de poids, soit dans l'avant-
main, soit dans l'arrière-main. Si le cheval laisse
tomber son encolure, il l'élèvera vigoureusement
par le mouvement de bas en haut, si la croupe
reste en arrière et que les jarrets ne ploient pas
assez, il stimulera cette partie par des coups de
mollet. Ces différentes aides ne doivent être employées que successivement et jamais simultanément. Si le cheval obéit, lui rendre mains et
jambes pour l'amener insensiblement à galoper
tout seul.

Il sera mieux de mettre le cheval au galop
étant au pas ; il n'en sera que plus léger et plus
docile.

Après quelque temps de galop, un tour de
manége au plus, il sera bien de passer au pas,
marcher quelques instants à cette allure, arrêter
et reculer de suite. Pour passer au pas, élever les
poignets par un prompt mouvement de bas en
haut et un peu en arrière, et tenir les jambes
prêtes à agir dans le cas où le cheval menacerait
de reculer. Rendre des aides supérieures après
l'arrêt.

Cet exercice mobilisera la croupe et lui rendra le mouvement en arrière facile. On pourra même dans le courant du travail de cette partie, faire une longueur de manége en reculant *bien droit,* et même le tour entier. Le cheval connaissant les trois allures et pouvant y exécuter tous les changements de direction, les changements de pied et le travail de deux pistes, son instruction sera achevée pour ce qui concerne le cheval d'escadrons. Les autres exercices entreront dans le domaine des anciennes ordonnances pour ce qui est du saut des obstacles, du bruit des armes, du flottement des étendards et des exercices à feu.

IMPRIMERIE SAUDAU AÎNÉ, RUE JEU-DE-PAUME, Nº 3.

www.ingramcontent.com/pod-product-compliance
Lightning Source LLC
LaVergne TN
LVHW020641180726
843502LV00006B/2165